中国少年儿童科学普及阅读文库

探索·科学百科 ™ 中阶

消失的冰川

3级D2

TANSUO
KEXUEBAIKE
探索·科学百科

[澳]罗伯特·库珀⊙著

李楠(学乐·译言)⊙译

Discovery
EDUCATION ™

全国优秀出版社
全国百佳图书出版单位

广东教育出版社　学乐

广东省版权局著作权合同登记号

图字：19-2011-097号

本书原由 Weldon Owen Pty Ltd 以书名*DISCOVERY EDUCATION SERIES · Vanishing Ice*

（ISBN 978-1-74252-193-0）出版，经由北京学乐图书有限公司取得中文简体字版权，授权广东教育出版社仅在中国内地出版发行。

图书在版编目（CIP）数据

Discovery Education探索·科学百科. 中阶. 3级. D2，消失的冰川/ [澳]罗伯特·库珀著；李楠（学乐·译言）译. 一广州：广东教育出版社, 2014.1

（中国少年儿童科学普及阅读文库）

ISBN 978-7-5406-9359-6

Ⅰ. ①D… Ⅱ. ①罗… ②李… Ⅲ. ①科学知识－科普读物 ②冰川－少儿读物 Ⅳ. ①Z228.1 ②P343.6-49

中国版本图书馆 CIP 数据核字(2012)第159232号

Discovery Education探索·科学百科（中阶）
3级D2 消失的冰川

著 [澳]罗伯特·库珀　　译 李楠（学乐·译言）

责任编辑 张宏宇　李　玲　丘雪莹　　**助理编辑** 能　昀　于银丽　　**装帧设计** 李开福　袁　尹

出版 广东教育出版社
　　　地址：广州市环市东路472号12-15楼　邮编：510075　网址：http://www.gjs.cn
经销 广东新华发行集团股份有限公司　　　　　　**印刷** 北京顺诚彩色印刷有限公司
开本 170毫米×220毫米　16开　　　　　　　　**印张** 2　　**字数** 25.5千字
版次 2016年5月第1版　第2次印刷　　　　　　**装别** 平装

ISBN 978-7-5406-9359-6　　定价 8.00元

内容及质量服务 广东教育出版社 北京综合出版中心
　　　　电话 010-68910906 68910806　　网址 http://www.scholarjoy.com
质量监督电话 010-68910906 020-87613102　**购书咨询电话** 020-87621848 010-68910906

Discovery Education 探索·科学百科（中阶）

3级D2 消失的冰川

全国优秀出版社
全国百佳图书出版单位　广东教育出版社　学乐

目录 | Contents

极地世界

地球上最冷的地方莫过于南北两极地区。那里异常寒冷，因为日照角度很低，太阳光不是从上方直接投射到地面，所以地面获取的太阳光热量少于世界其他地区。

寒冷的两极地表被冰层覆盖。降雪几乎永不融化，而是逐渐堆积形成冰川和极厚的冰盖。两极附近的海洋也冻结起来，部分海域终年冰封。

不可思议！

人类有记录的全球最低温度是在南极测得的，低至 −89.2℃。在两极地区，冬季几个月都看不到日出。

北极冰盖

格陵兰冰盖是北极地区一处巨大的冰川，几乎覆盖格陵兰全岛。

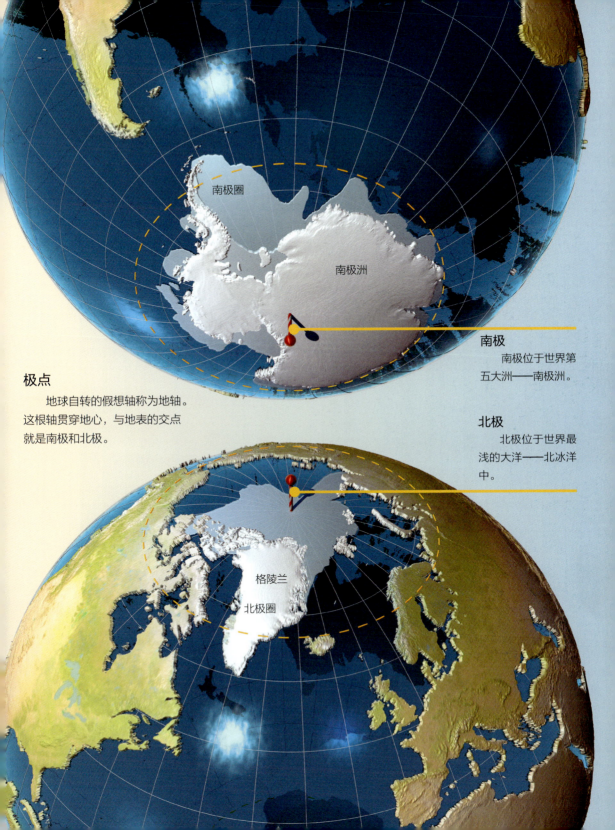

南极圈

南极洲

南极

南极位于世界第五大洲——南极洲。

极点

地球自转的假想轴称为地轴。这根轴贯穿地心，与地表的交点就是南极和北极。

北极

北极位于世界最浅的大洋——北冰洋中。

格陵兰

北极圈

冰天雪地

极地的巨大冰盖可覆盖 52 000 平方千米或更大区域。陆地上的冰盖称为大陆冰盖。现今仅存的三块大陆冰盖，其中两块位于南极洲，被山脉隔断；另一块在北极地区，覆盖了格陵兰岛 85% 的土地。北极附近的冰层则是冻结的海冰。

大陆冰盖中心冰雪的重量挤压冰层向外推移。冰层由陆地边缘延伸入海，形成冰架。冰架末端断裂形成冰山。

不可思议！

格陵兰冰盖的平均厚度为 1 500 米，但南极冰盖部分地区的厚度超过 4 500 米。

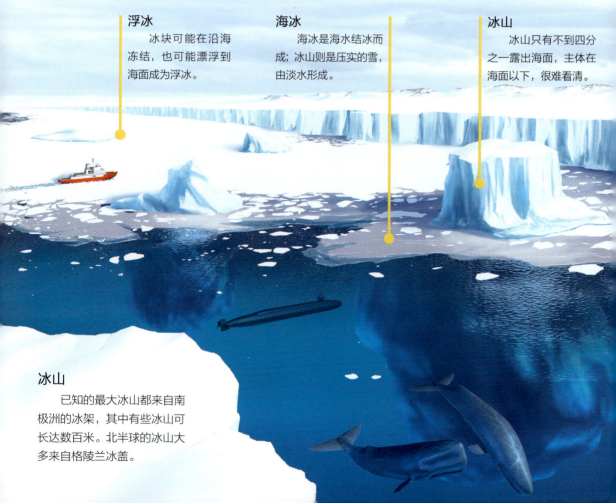

浮冰

冰块可能在沿海冻结，也可能漂浮到海面成为浮冰。

海冰

海冰是海水结冰而成；冰山则是压实的雪，由淡水形成。

冰山

冰山只有不到四分之一露出海面，主体在海面以下，很难看清。

冰山

已知的最大冰山都来自南极洲的冰架，其中有些冰山可长达数百米。北半球的冰山大多来自格陵兰冰盖。

冰架
　　由大陆冰盖边缘
延伸入海的漂浮冰层，
称为冰架。

追踪
　　飞机使用雷达
追踪冰山运动。水
面船只定期巡航并
发布警告。

裂冰
　　冰盖或冰川边缘的
冰架断裂入海形成冰山，
这个过程称为裂冰。

冰与冰川

冰川是由降落到地面未融化的雪多年堆积而成。下层积雪最终转化为冰。这些冰雪在重力作用下，逐渐沿山坡向下流入海洋。在某些地方，冰盖中的冰还会流过平坦的地面。在其他地方，冰川流过高山间的峡谷。它甚至可以侵蚀地表形成山谷。

有时，冰川冰被困在封闭的山区，可融化形成湖泊。这些融水湖中的水可经由狭窄的水道流入大海。冰川覆盖了全球十分之一的陆地面积。

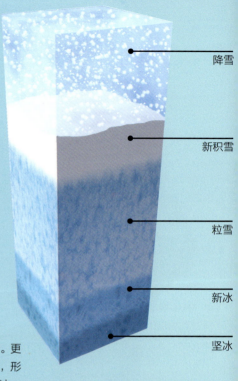

降雪

新积雪

粒雪

新冰

坚冰

由雪到冰

新雪层下的积雪受压形成冰粒。更多积雪的重量挤压出冰粒中的空气，形成新冰，直至形成坚硬致密的冰川冰。

不同的冰川

冰川的形成和移动方式各有不同。比如冰斗冰川，发育于凹陷的山涧谷地中。冰斗中的冰最后通过狭口滑出，则形成较宽的山谷冰川。

从冰川上崩裂下来的冰山

山谷冰川

莫雷诺冰川
　　阿根廷的莫雷诺冰川，末端延伸入阿根廷湖 5 千米，横穿湖面。

大陆冰盖　　　　　　　　　　　　融水水流　　　　　　　　　　冰斗冰川

注出冰川　　　　　　　　　　　　　　　　融水湖

冰川消融现象

如今多数气候学家认为，地球气候正逐渐变暖，而人类至少要对此负部分责任。在全球许多地区，平均气温逐渐升高，夏季正变得越来越热，冬季也越来越暖。这种趋势被称为全球变暖。

全球变暖的一个显著影响就是，部分覆盖极地的巨大冰盖正逐年缩小。另一个后果是，千百年来在山谷中缓缓下滑的冰川，如今渐渐融化。部分冰川慢慢消失，其他的也以极快的速度缩小。

2002 年的瑞士冰川
瑞士的特里夫特冰川于2001 年开始融化形成湖泊。这张照片显示出该冰川融化一年后的景象。

格陵

北 美 洲

南 美 洲

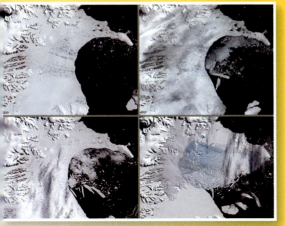

2002年1月31日　　　2002年2月17日

2002年2月23日　　　2002年3月5日

南极洲拉森冰架

　　拉森冰架的卫星图像拍摄于 2002 年 1 月 31 日至 3 月 5 日期间。图像显示出在仅仅一个多月的时间内，一段巨大的冰架是如何断裂成大量小型冰山的（见上图）。

消融的冰川

　　下方地图显示出全球冰川的分布及各地冰川的退缩情况。

图例

☐ 极地冰川：几乎全面退缩
● 冰川：几乎全面退缩
● 冰川：一半以上退缩
● 冰川：部分退缩

欧洲　　亚洲

洲

大洋洲

南极洲

2003 年的瑞士冰川

　　又过了一年，融水湖面积扩大。冰川退缩到山谷更高处。

冰川为何消融?

在地球的漫长历史中,世界曾多次经历冷暖交替。但直到工业革命后,人类才对这颗星球的气候产生了真正的影响。

全球变暖主要是因为工厂、发电站和各类交通工具要燃烧大量煤、石油和天然气。这些化石燃料燃烧时,向大气中释放出大量二氧化碳和其他温室气体。温室气体将热量禁锢在大气层中,使得天气越来越热。

温室气体排入大气
英国莱斯特郡燃煤发电站的八座排烟塔正将大量温室气体排入到大气中。

温室效应
地球表面吸收太阳辐射能量,并以热能形式释放出来,二氧化碳等气体将其吸收。如果二氧化碳过多,就会使更多热量留在大气层中。

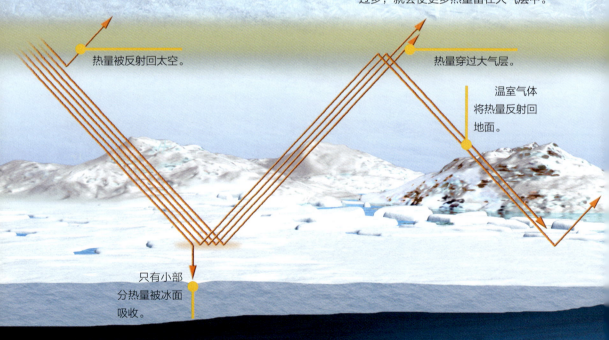

热量被反射回太空。

热量穿过大气层。

温室气体将热量反射回地面。

只有小部分热量被冰面吸收。

反射能量
在两极地区,冰面将大部分太阳热量反射回大气。

反射回地面
这些热量的一部分被大气中的温室气体捕获,反射回来。

加速融化

当太阳光照射在覆盖两极地区的冰雪上时，大部分热量被光滑的白色冰面反射回大气中。但随着越来越多的冰层融化，越来越多的太阳光直射陆地或海洋。这些表面吸收了大部分热量，只有小部分被反射。海洋和陆地的升温加速了冰层的融化。

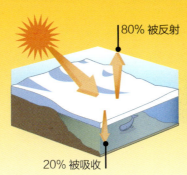

80% 被反射

20% 被吸收

高反射

两极地区闪亮的白色冰面将太阳光中大部分热量反射。

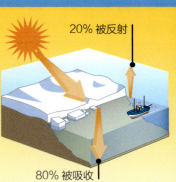

20% 被反射

80% 被吸收

高吸收

随着越来越多的冰层融化，越来越多的太阳光热被陆地和水体吸收，这又导致冰层融化加剧。

热量被反射回太空。

热量穿过大气层。

较多热量被保留下来。

热量被陆地和露天水体吸收，向上辐射。

吸收能量

陆地和海洋不反射多少能量，它们将其吸收，使海洋、陆地和大气升温。

升温循环

随着空气升温，更多冰层融化。而后，冰层融化暴露出的陆地和海洋又吸收更多太阳热量。

南极地区受到的影响

就在不久前，南极地区是否在逐渐变暖还没有定论。但近期研究表明，南极确实正以和世界其他地区相同的速度升温。现在我们知道，南极的气温在近 50 年中已上升了 3℃。相比之下，北极地区的升温速度是南极的两倍。

南极地区升温已导致沿海多处冰架突然崩塌。随着这些巨大的冰块落入海中，南极洲附近海域更加温暖。这导致海岸线附近的更多冰开始融化。

冰架崩塌

这处巨大的南极冰架于 2002 年崩塌，使大量冰山落入海中，并在与之相接的冰川上造成巨大的冰隙。

火山灰

贝林达山是位于南极洲的一座火山。2001 年至 2007 年间，它发生过数次喷发，黑色的火山灰覆盖住附近的冰山和冰川。这层深色表面吸收了更多太阳热量，导致更多冰雪融化。

贝林达山

磷虾食物链

　　磷虾是一种体型很小的海洋生物，生活在全球各大洋。寒冷的南极海域蕴藏着丰富的磷虾资源。生活在南极的鲸、乌贼、企鹅和海豹等动物主要以磷虾为食。随着南极海域升温，海中的磷虾日渐减少。磷虾是南极食物链的基础，它的减少对食物链上其他动物的生存构成了巨大威胁。

灰头信天翁

　　灰头信天翁分布在南极及其周边地区，乌贼是它的主要食物，而乌贼又主要以磷虾为食。因此磷虾对灰头信天翁的生存至关重要。

马可罗尼企鹅

　　磷虾是这种企鹅的主要食物。随着磷虾数量减少，企鹅们越来越难找到食物。

抹香鲸

　　抹香鲸分布在全球各大洋中，主要以吃磷虾的乌贼为食。归根结底，它们也依赖南极的磷虾生存。

北极地区受到的影响

北极地区的气温上升速度几乎达到世界其他地区的两倍。北冰洋的海冰正以惊人的速度消融。不仅冰面在退缩，整个北极的冰层厚度都比过去薄了很多。科学家称，全球平均气温只需再上升 1.5℃，就可导致世界第二大冰盖——格陵兰冰盖融化。

随着冰层融化，海水温度升高，洋流开始改变流向。这些变化已经对该地区的气候产生影响，进而影响到生活在当地的人类和动物。

沿海居住区

受全球变暖的影响，海岸已遭到侵蚀，因纽特人的村落已经受到海平面上升的威胁。

冰面退缩

这些北极地区的卫星图像显示出冰层退缩的速度极快。才不过 30 年时间，北极地区就有超过三分之一的冰消失，包括海冰和冰盖。

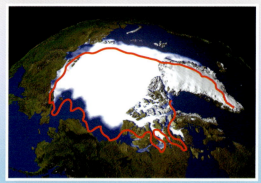

1979

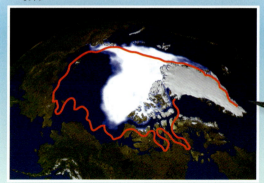

2007

蓝鲸

蓝鲸是地球上最大的动物。它们夏季生活在极地海域，冬季迁徙到较温暖的海域。20世纪，捕鲸者的猎杀使它们几乎灭绝。直到1967年，捕杀蓝鲸才被禁止。蓝鲸以磷虾为食，但随着海洋温度上升，磷虾数量减少。这些海洋巨兽的生存再次受到威胁。

北美洲　欧洲　亚洲

非洲

南美洲

大洋洲

南极洲

图例

冬季迁徙

蓝鲸

环海豹

环海豹依赖北极海冰生存。海冰融化导致其栖息地减少，环海豹数量随之减少。

长须鲸

长须鲸主要以磷虾为食，其数量正逐渐减少，濒临灭绝。

北极熊与海冰

北极熊体型庞大，强健有力，生活在北极及其周边的海冰上。北极熊是凶猛而熟练的猎手，主要以海豹为食，也捕食驯鹿、鱼类和某些鲸鱼。捕猎时，北极熊常常在冰上，海豹的旁边守候，等海豹把口鼻探出水面呼吸时，就抓住它们。

全球变暖对北极熊的生存构成巨大威胁。随着海洋升温，可供它们捕猎的海冰越来越少。有时，冰床太过分散，相互距离太远，北极熊无法游过去。在北极部分地区，北极熊的数量已开始下降。

你知道吗？

西北航道是一条连接大西洋和太平洋的航道，位于加拿大北部。几个世纪以来，大面积冰封使它成为一条危险的航道。不过到 2007 年，西北航道的冰已减少至可全面通航。

进退两难

一只北极熊被困在一片小小的浮冰上，远离它日常捕食的坚固海冰。

游泳距离拉长

在北极许多地区，随着海冰融化，开阔水面扩大，北极熊不得不游得更远，以寻找可以猎取食物的冰床。

希什马廖夫
海平面升高意味着潮水到达的地方更高。更高的潮水侵蚀海岸线，摧毁沿海房屋。例如图中这栋位于美国阿拉斯加州沿海的因纽特人村镇希什马廖夫的小屋就被海水冲毁。

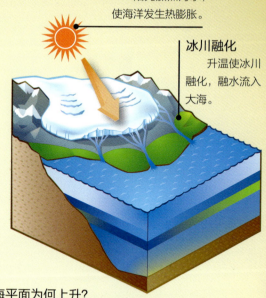

海洋热膨胀
阳光加热海水，使海洋发生热膨胀。

冰川融化
升温使冰川融化，融水流入大海。

海平面为何上升？
海平面上升的原因，冰川融化和海洋热膨胀各占一半。科学家目前还不确定导致海平面上升的其他因素是什么。

海洋变暖及海平面升高

随着温度升高和极地冰层持续融化，全球海平面将会上升。近 100 年来，海面已经升高了 200 毫米。但多数气象学家认为，未来海平面上升速度还会加快。

两极地区的冰盖和冰川贮藏了大量淡水。仅南极冰盖就存有全球 70% 的淡水。如果它完全融化，海平面将上升 70 米，但这种情况不太可能发生。即使真的发生，过程也需要数千年。不过，许多气候学家相信，到 2100 年，海平面的升高将影响数十亿人，特别是那些生活在贫穷国家的人。

海平面会上升多少？
假如海平面以当前速度继续上升，到2100年，将升高 482 毫米。然而，如果持续变暖导致格陵兰或南极洲更多冰层融化，海平面就有可能被推高 1000 毫米甚至更多。

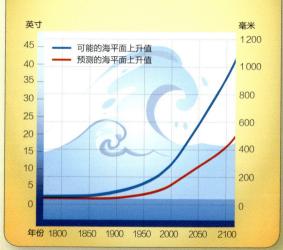

英寸 — 毫米
可能的海平面上升值
预测的海平面上升值
45 — 1200
40 — 1000
35
30 — 800
25
20 — 600
15 — 400
10
5 — 200
— 0
年份 1800 1850 1900 1950 2000 2050 2100

威尼斯

　　意大利威尼斯，运河携海水穿过城市。运河原本就经常溢流。如今，随着海平面上升，运河水位更高，水患更加频繁。

工作中的科学家

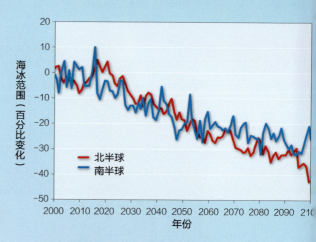

科学家们已经研究出几种探索南北极冰下秘密的方法。由卫星和飞机搭载的雷达可接收冰盖深处反射出的回波信号。

冰芯——从冰盖和冰川上钻取的圆柱状冰体——提供了过去数千年来气候详细变化的证据，也成为预测未来气候变化的线索。对冰芯及其中所含空气的研究表明，空气中二氧化碳浓度高时，气温也较高。冰芯钻探深度可超过 1 600 米。钻探越深，就能获取越多远古的秘密。

冰体消融

本图显示了科学家预测在 21 世纪南北极地区冰体融化的数量。北极的冰体可能减少 40% 以上。

冰芯

一名科学家手持一小段从南极冰盖深处钻取的冰芯。

气象气球

　　气球携带仪器升入空中，返回时，仪器将带回不同高度的气象、气压和气体组成的数据。

北极熊研究

　　加拿大马尼托巴湖畔，一位研究人员正怀抱着一只北极熊幼崽。他所在小组的研究课题是北极熊如何应对环境变化。

冰川档案

海平面升高

到 2100 年，海平面可能会会上升 1 000 毫米。即使海平面只升高预测值的一半，海水也将淹没大量沿海低洼地区。

干旱加剧

全球许多地区，越来越炎热干旱的气候使得土地日渐干涸。在这些区域种植作物并养活数量庞大的人口越来越难。

冰盖消融

北极的冰盖和海冰融化的速度非常快，到 2050 年，北极海域夏季可能已经完全无冰。之前科学家一度认为这要到 2100 年才会发生。

冰川退缩

　　数十年来，南美洲安第斯山脉北部的冰川一直在不断缩小。而冰川的退缩速度加快是从 20 世纪 90 年代开始的。

冰川变薄

　　近半个多世纪以来，亚洲南部喜马拉雅山脉的冰川一直持续退缩并变薄，这种状况在近 10 年内不断加剧。

冰川扩大

　　由于降雪增加，新西兰的一些冰川在近 20 年中处于生长状态，而太平洋其他地区的冰川都在退缩。

知识拓展

气压 (air pressure)
大气层中空气重量产生的压力。

南极洲 (Antarctica)
围绕南极的冰雪覆盖的广阔大陆。

南极圈 (Antarctic Circle)
一条环绕地球，表示南极地区边界的假想线。

北极区 (Arctic)
围绕北极的寒冷冰冻区域。

北极圈 (Arctic Circle)
一条环绕地球，表示北极地区边界的假想线。

大气层 (atmosphere)
包围地球这类行星的气体层。地球大气层之外的区域就是"太空"。

二氧化碳 (carbon dioxide)
一种无色无味的气体，在燃料及其他材料燃烧时生成。人类及其他动物也呼出二氧化碳。

气候 (climate)
在世界特定地区长时期出现的天气状况，如平均降雨量和温度等。

气象学家 (climatologists)
研究世界气候模式的科学家。

大陆 (continent)
地球上的大面积陆地。地球上有七个大陆，即非洲、南极洲、亚洲、大洋洲、欧洲、北美洲和南美洲。

冰隙 (crevasse)
冰川或冰盖上宽且深的裂缝。

地轴 (Earth's axis)
一根贯穿地心，连接南北两极的假想直线。地球始终不停地绕着地轴旋转。

化石燃料 (fossil fuels)
在地下经数千年形成的煤、石油、天然气等可作为燃料使用的物质。

格陵兰 (glacier)
世界第一大岛，位于北大西洋，五分之四的土地被巨大的冰盖覆盖。

栖息地 (habitat)
动植物生长的地区或环境。

喜马拉雅山脉 (himalayas)
位于亚洲南部印度和中国西藏之间的一座山脉，包括地球最高峰珠穆朗玛峰及多座高山。

冰山 (iceberg)
从冰川上崩裂入海的巨大冰块。

浮冰 (ice floe)
漂浮于海面的平坦海冰，长度通常在 10 千米以内。

冰盖 (ice sheet)
陆地上形成的巨大冰体。厚度可超过 1.6 千米，覆盖面积可达 52 000 平方千米。

冰架 (ice shelf)
漂浮在水面，仍与冰盖相接的巨大冰层。世界上最大的冰架位于南极洲。

因纽特人 (Inuit)
也称爱斯基摩人，指生活在加拿大、美国阿拉斯加、格陵兰及东北亚北极地区的民族。

磷虾 (krill)
一种海洋生物，形似小虾，数量极大，广泛分布在各大洋中，是鱼类、鲸等海洋生物的主要食物来源。

粒雪 (neve)
近乎结冻的雪被压实形成的小块儿或颗粒，是冰川构成中的一层组成物。

北极 (North Pole)

地轴的北端，是地球上最北的点。

注出冰川 (outlet glacier)

冰由冰盖溢出所形成的冰川。

雷达 (radar)

英文 Radio Detection and Ranging（无线电侦测与定位）的缩写。雷达可测定移动交通工具的方位和速度，也可探测地面或冰盖的形状和纵深。这是通过测量雷达波从目标物反射回来的时间和方向实现的。

卫星图像 (satellite images)

由环绕地球运行的人造卫星传送回地球的照片。

南极 (South Pole)

地轴的南端，是地球上最南的点。

亚南极地区 (subantarctic region)

南极圈以北的外围地区。

探索·科学百科™

Discovery
EDUCATION™

世界科普百科类图文书领域最高专业技术质量的代表作

小学《科学》课拓展阅读辅助教材

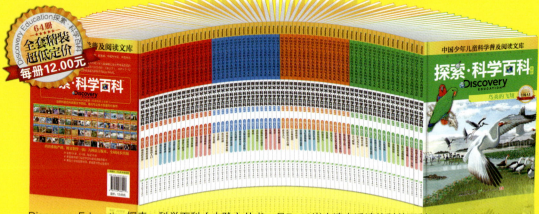

64册
全套精装
超低定价
每册12.00元

Discovery Education探索·科学百科（中阶）丛书，是7~12岁小读者适读的科普百科图文类图书，分为4级，每级16册，共64册。内容涵盖自然科学、社会科学、科学技术、人文历史等主题门类，每册为一个独立的内容主题。

Discovery Education
探索·科学百科（中阶）
1级套装（16册）
定价：192.00元

Discovery Education
探索·科学百科（中阶）
2级套装（16册）
定价：192.00元

Discovery Education
探索·科学百科（中阶）
3级套装（16册）
定价：192.00元

Discovery Education
探索·科学百科（中阶）
4级套装（16册）
定价：192.00元

Discovery Education
探索·科学百科（中阶）
1级分级分卷套装（4册）（共4卷）
每卷套装定价：48.00元

Discovery Education
探索·科学百科（中阶）
2级分级分卷套装（4册）（共4卷）
每卷套装定价：48.00元

Discovery Education
探索·科学百科（中阶）
3级分级分卷套装（4册）（共4卷）
每卷套装定价：48.00元

Discovery Education
探索·科学百科（中阶）
4级分级分卷套装（4册）（共4卷）
每卷套装定价：48.00元